NEL REGNO DEGLI UFO

Dalle Teorie del Complotto alle Prove
Scientifiche, un Viaggio Straordinario

Liam Davis

Independently published

A voi, cari lettori, dedichiamo questo viaggio nelle profondità del mistero, nell'infinito cosmo degli UFO e degli incontri alieni. È a voi che rivolgiamo il nostro invito a esplorare le stelle, a scrutare il cielo notturno e a cercare risposte alle domande che da secoli affascinano l'umanità.

In questo libro, vi porteremo attraverso un viaggio che abbraccia la curiosità, l'apertura mentale e la voglia di scoprire. È a voi che ci rivolgiamo, animati dalla stessa passione per il mistero, la ricerca della verità e la sete di conoscenza.

Il nostro mondo è un luogo straordinario, eppure c'è un altro mondo, un mondo di cui sappiamo così poco. Sotto il manto notturno, tra le stelle scintillanti, si nascondono segreti che attendono di essere svelati. Siete pronti a mettervi in cammino con noi, a sollevare il velo dell'ignoto e a scrutare l'orizzonte per vedere ciò che il futuro potrebbe riservarci?

In questo viaggio, scopriremo testimonianze di avvistamenti, analizzeremo teorie, esploreremo prove e rifletteremo sulle implicazioni di un possibile incontro con civiltà extraterrestri. Sarete invitati a considerare il potenziale impatto su di noi, sul nostro pianeta e sulla nostra visione dell'universo.

Vi accompagneremo attraverso i geroglifici egizi, alla scoperta di antiche rappresentazioni di esseri e macchine aliene, e vi porteremo nelle profondità della storia, alla corte di Akenaton e alla sua famiglia, una storia che solleva domande intriganti sulla loro natura e il loro potere.

Esploreremo avvistamenti di massa e incontri individuali, fenomeni celesti inspiegabili e le enigmatiche formazioni dei crop circle nei campi di grano. Rivelazioni dal passato, come i geroglifici egizi, ci spingeranno a interrogarci sul nostro patrimonio storico e sulle tracce di civiltà extraterrestri.

Vi sveleremo i tentativi del governo degli Stati Uniti di nascondere informazioni sugli UFO, esamineremo le prove scientifiche e discuteremo delle implicazioni per la vita extraterrestre.

Infine, vi condurremo verso il futuro, verso nuovi metodi scientifici, tecnologie emergenti e la direzione della ricerca sugli UFO. Il vostro impegno nella ricerca della verità è ciò che rende possibile l'esplorazione di questo mistero senza fine.

Così, vi invitiamo a unirvi a noi in questa avventura, a mantenere una mente aperta, a esaminare le prove con occhi critici e a condividere la passione per la scoperta. Che siate scettici o credenti, questo viaggio è per voi. La ricerca della verità è un cammino che non ha fine, e il mistero degli UFO e degli incontri alieni ci offre un'opportunità unica di esplorare l'ignoto.

Dedicato a voi, lettori, con gratitudine per la vostra curiosità e la vostra voglia di scoperta. Possiate questo libro ispirarvi, stimolarvi e portarvi un passo più vicino alla comprensione del mistero che ci circonda.

Buona lettura, avventurieri della conoscenza. Siamo pronti a partire, pronti a esplorare e a cercare la verità negli UFO e negli incontri alieni.

Ciò che ci spinge nella notte stellata non è solo la curiosità, ma il desiderio profondo di connetterci con l'ignoto, di sfidare il mistero e di abbracciare l'infinito. Negli UFO e negli incontri alieni, troviamo un riflesso del nostro desiderio eterno di scoperta.

LIAM DAVIS

SOMMARIO

INTRODUZIONE

Nel vasto panorama del mistero e della speculazione, pochi argomenti suscitano tanto interesse e curiosità quanto gli UFO e gli incontri alieni. Questo libro è un invito a un'epica esplorazione di un mondo che si situa tra il reale e l'ignoto, tra la scienza e la fantasia, tra la prova tangibile e la speculazione più audace.

Il nostro viaggio nel cuore del fenomeno UFO comincia con una domanda semplice ma profonda: cosa sono gli UFO e quali segreti possono celare? Gli "Oggetti Volanti Non Identificati" evocano immagini di luci sfavillanti nel cielo notturno, di oggetti misteriosi e sconosciuti che sfidano ogni spiegazione razionale. Sono spesso associati a teorie del complotto, a avvistamenti incredibili e, per alcuni, alla possibilità di incontri diretti con esseri provenienti da altri mondi.

Ma chi sono gli esseri che si nascondono dietro a questi misteriosi oggetti? Da dove provengono e quali intenzioni hanno? Questi sono solo alcuni dei quesiti che ci porranno di fronte al mondo degli incontri alieni. Le narrazioni di abduzioni e contatti con civiltà extraterrestri evocano emozioni forti e spingono la nostra immaginazione verso territori inesplorati.

In queste pagine, affronteremo con spirito critico e apertura mentale il vasto spettro del fenomeno UFO. Esploreremo testimonianze di avvistamenti che spaziano da semplici luci nel cielo a oggetti intricati e complessi. Analizzeremo le teorie sulle origini degli UFO, dalla possibile spiegazione terrestre a quella straordinaria della presenza extraterrestre.

Mentre ci immergiamo in questo mondo di mistero e speculazione, non possiamo evitare di considerare l'impatto che la scoperta di vita extraterrestre potrebbe avere sulla nostra comprensione del cosmo e del nostro posto al suo interno. Ciò che è certo è che gli UFO e gli incontri alieni continuano a sollevare domande profonde sulla nostra esistenza e sul significato del nostro viaggio nel cosmo.

Questo libro è una guida nell'esplorazione del fenomeno UFO, un viaggio che ci condurrà attraverso gli avvistamenti più noti, le testimonianze più suggestive e le teorie più audaci. Esamineremo anche le implicazioni etiche, scientifiche e filosofiche di un possibile incontro con civiltà extraterrestri e il ruolo che esso potrebbe svolgere nel plasmare il nostro futuro.

Tuttavia, è importante notare che mentre alcune prove suggeriscono spiegazioni razionali per molti avvistamenti di UFO, altri casi rimangono senza spiegazione. La ricerca sugli UFO è un campo in continua evoluzione, un'indagine in corso alla ricerca di risposte. Attraverso la raccolta di dati affidabili, l'analisi rigorosa e l'apertura alla possibilità, cerchiamo di gettare luce su uno dei misteri più affascinanti dell'umanità.

Nel corso di questo viaggio, vi invitiamo a mantenere una mente aperta, a esaminare le prove con occhi critici e a condividere con noi la passione per la scoperta. Che siate scettici o credenti, il nostro obiettivo è di offrirvi una panoramica completa del fenomeno UFO e degli incontri alieni.

Siamo pronti a iniziare questo viaggio nell'ignoto, a scrutare il cielo notturno in cerca di risposte e a esplorare il mistero degli UFO e degli incontri alieni. Che il nostro viaggio ci porti più vicini alla comprensione di questo affascinante enigma e ci ispiri a continuare a cercare la verità nel vasto universo che ci circonda.

Buona lettura, esploratori delle stelle. Il nostro viaggio inizia ora.

PREFAZIONE

Cari lettori,

È con un senso di meraviglia e anticipazione che vi diamo il benvenuto a questo viaggio nel cuore del mistero, nell'universo degli UFO e degli incontri alieni. Questo libro è una porta aperta verso l'ignoto, un invito a esplorare i confini del possibile e a scrutare le stelle con occhi curiosi.

Nel vasto spazio cosmico che ci circonda, c'è un mondo di meraviglie e segreti nascosti, e il fenomeno degli UFO è uno dei misteri più affascinanti e dibattuti della nostra epoca. Queste sigle, che stanno per "Oggetti Volanti Non Identificati," evocano immagini di luci sfavillanti nel cielo notturno, strane forme e movimenti che sfidano ogni spiegazione. Gli incontri con esseri alieni, con le loro narrazioni suggestive e testimonianze inquietanti, suscitano una gamma di emozioni e interrogativi che spaziano dall'entusiasmo alla paura, dalla curiosità alla diffidenza.

Chi siamo noi, esseri umani, di fronte a queste apparizioni enigmatiche? Quali significati possono nascondersi dietro le luci nel cielo o le storie di incontri extraterrestri? Questo libro si pone l'obiettivo di esplorare queste domande, di sollevare il velo che avvolge il fenomeno UFO e di portare alla luce le testimonianze, le teorie e le prove che circondano questa straordinaria avventura intellettuale.

Nel corso delle pagine che seguiranno, vi condurremo attraverso testimonianze di avvistamenti, esamineremo teorie che tentano di spiegare l'origine degli UFO, esploreremo le prove scientifiche e discuteremo delle implicazioni di un possibile incontro con civiltà aliene. Attraverso l'analisi critica e l'apertura mentale, cercheremo di gettare luce su questo fenomeno intrigante e complesso.

Nonostante l'ampia varietà di teorie e prove, il mistero degli UFO e degli incontri alieni persiste. Questo mistero ci invita a guardare oltre i confini della nostra comprensione, a considerare possibilità al di là di ciò che conosciamo e a sfidare la nostra percezione della realtà. E mentre esaminiamo le storie di chi ha testimoniato incontri con esseri provenienti da mondi sconosciuti, riflettiamo anche su cosa significherebbe per noi, come umanità, se scoprisse che non siamo soli nell'universo.

Questo libro è un invito a unirsi a noi in questo viaggio, a mantenere una mente aperta, a esaminare le prove con occhi critici e a condividere la passione per la scoperta. Non importa se siete scettici o credenti, questo viaggio è per voi. La ricerca della verità è un cammino senza fine, un'avventura che non ha termine, e il mistero degli UFO e degli incontri alieni offre un'opportunità unica di esplorare l'ignoto.

Intrigante, complesso e avvolto dal mistero, il fenomeno degli UFO e degli incontri alieni rappresenta una delle sfide più affascinanti per la nostra comprensione del mondo che ci circonda. Non possiamo ancora dire con certezza cosa siano gli UFO o se gli incontri alieni siano reali, ma il desiderio di scoprire la verità rimane un potente motore per la ricerca e l'innovazione.

Questo libro è un invito a sollevare il velo del mistero, a scrutare l'orizzonte e a cercare risposte alle domande che ci hanno affascinato per secoli. È un'opportunità per abbracciare la curiosità, per coltivare la passione per la scoperta e per connetterci con il desiderio umano innato di esplorare l'ignoto.

Quindi, cari lettori, preparatevi per un'avventura che vi condurrà lontano, tra le stelle e oltre, alla ricerca della verità. Siamo pronti a partire, pronti a esplorare e a cercare la verità negli UFO e negli incontri alieni. Siete pronti a unirvi a noi?

Buona lettura, esploratori dell'ignoto. Il viaggio inizia ora, e il destino ci attende tra le stelle.

PROLOGO

In un mondo in cui la notte stellata si riflette nei nostri occhi pieni di meraviglia e ci chiediamo se siamo soli nell'infinito cosmo, gli UFO e gli incontri alieni emergono come una delle sfide più avvincenti per la nostra comprensione del mistero e della realtà. Questo prologo è il nostro invito a unirvi a noi in un'epica esplorazione, un viaggio che ci porterà attraverso il mistero, la speculazione e la ricerca della verità.

Le luci nel cielo notturno, gli oggetti volanti non identificati che solcano i nostri orizzonti, ci sfidano a considerare possibilità al di là di ciò che sappiamo. Sono segnali nel buio che ci invitano a sollevare il velo dell'ignoto e a scrutare l'orizzonte per vedere ciò che il futuro potrebbe riservarci.

L'idea di incontri con esseri alieni risveglia l'immaginazione, ci trasporta in un mondo fatto di narrazioni straordinarie e testimonianze che ci spingono a esplorare territori inesplorati. Queste storie ci invitano a considerare le implicazioni profonde di un possibile incontro con civiltà extraterrestri e ci sfidano a riflettere sul significato della nostra esistenza nell'universo.

Questo libro è un viaggio iniziatico, un'opportunità di esplorare il mondo degli UFO e degli incontri alieni attraverso un'ampia gamma di testimonianze, teorie e prove. Affronteremo avvistamenti che spaziano dall'apparizione di semplici punti luminosi nel cielo a incontri più complessi con oggetti intricati e inspiegabili. Esamineremo le teorie che tentano di spiegare l'origine degli UFO, dalle spiegazioni terrene a quelle più audaci legate a civiltà provenienti da altri mondi.

Tuttavia, è importante notare che la ricerca sugli UFO è un campo in evoluzione, un percorso in cui la scienza, la speculazione e il mistero si intrecciano in un caleidoscopio di possibilità. Gli UFO e gli incontri alieni continuano a sollevare domande profonde sulla nostra esistenza e sul nostro posto nell'universo.

Il nostro obiettivo in questo viaggio è di condividere con voi una prospettiva completa e obiettiva sul fenomeno UFO, di invitare alla riflessione e di stimolare la curiosità. Vi chiediamo di unirvi a noi con una mente aperta, di esaminare le prove con occhi critici e di condividere con noi il desiderio di scoperta.

Che siate scettici o credenti, il nostro invito è a condividere con noi questo viaggio nella notte stellata, tra le luci sfavillanti e le storie suggestive degli UFO e degli incontri alieni. Siamo pronti a iniziare questo viaggio nell'ignoto, a scrutare il cielo notturno in cerca di risposte e a esplorare il mistero che ci circonda.

Buona lettura, esploratori del mistero. Il nostro viaggio inizia ora.

CAPITOLO 1: INTRODUZIONE AGLI UFO E AGLI ALIENI

Nel vasto panorama del mistero e della speculazione, pochi argomenti catturano l'immaginazione dell'umanità quanto gli UFO e gli alieni. Questo capitolo iniziale del nostro viaggio esplorerà le profonde connessioni tra questi due fenomeni apparentemente separati, offrendo una panoramica delle testimonianze, delle teorie e delle prove che circondano questi misteriosi avvistamenti.

1.1 L'Inizio di un Enigma

Gli UFO, o oggetti volanti non identificati, rappresentano un enigma che ha affascinato e spaventato l'umanità per decenni. Il termine stesso "UFO" si riferisce a oggetti che sono osservati in cielo e che non possono essere identificati come fenomeni naturali o manufatti umani noti. L'ambiguità di questa definizione sottolinea l'elusività dell'argomento, poiché molti di questi avvistamenti sfuggono a qualsiasi spiegazione logica.

1.2 La Presenza Aliena

Al centro della narrazione sugli UFO sta l'idea che molte di questi avvistamenti siano collegati a una presenza extraterrestre. Questa convinzione è sostenuta da testimonianze di persone di ogni estrazione sociale e regione geografica, che affermano di aver visto oggetti strani nel cielo e talvolta persino di essere entrati in contatto con esseri alieni.

Queste testimonianze sono così numerose e varie che non possono essere semplicemente ignorate.

1.3 La Variegata Forma degli UFO

Gli UFO non seguono un modello fisso o una forma predefinita. Sono stati descritti come dischi volanti, sfere luminose, triangoli neri, e molte altre forme. Alcuni sono stati visti stazionari nel cielo, mentre altri sembrano essere in grado di compiere manovre impossibili per qualsiasi aereo umano. Questa varietà di aspetti contribuisce a rendere gli UFO ancora più enigmatici.

1.4 Il Dubbio Scientifico

La comunità scientifica, tradizionalmente scettica nei confronti degli UFO e degli incontri alieni, ha cercato spiegazioni razionali per tali fenomeni. Spesso, le spiegazioni proposte riguardano fenomeni atmosferici, aerei sperimentali, o allucinazioni collettive. Tuttavia, molte delle testimonianze non possono essere facilmente spiegate con queste teorie convenzionali.

1.5 La Politica del Segreto

Un aspetto noto del fenomeno UFO è il coinvolgimento governativo e i tentativi di segretezza. Nel corso dei decenni, i governi di tutto il mondo, in particolare gli Stati Uniti, hanno segretato documenti e informazioni riguardanti gli UFO. Questo ha alimentato teorie del complotto che suggeriscono che i governi detengono conoscenze cruciali sugli UFO che vengono nascoste al pubblico.

1.6 Una Variegata Platea di Testimoni

Una delle caratteristiche più affascinanti degli UFO è la vasta gamma di testimoni che li hanno osservati. Questi includono piloti, astronauti, militari, poliziotti, civili e, in alcuni casi, anche scienziati. La credibilità di molti di questi testimoni ha dato peso alle testimonianze sugli UFO e ha portato a una crescente accettazione dell'idea di una possibile presenza aliena.

1.7 Il Ruolo dei Media

I media hanno svolto un ruolo significativo nella diffusione del fenomeno UFO. Film, libri, programmi televisivi e documentari hanno contribuito a plasmare l'immagine pubblica degli UFO e degli alieni. La divulgazione mediatica ha alimentato l'interesse e l'entusiasmo del pubblico per questi argomenti.

1.8 Il Viaggio Che Ci Aspetta

Questo libro si impegna a esplorare il vasto e intricato mondo degli UFO e degli alieni. Attraverso una vasta gamma di argomenti, testimoni e teorie, cercheremo di gettare luce su questo mistero affascinante. Nelle prossime pagine, esamineremo le testimonianze di piloti e ufficiali, gli avvistamenti di massa e individuali, le rappresentazioni nel passato, le teorie sugli alieni e tanto altro. Il nostro obiettivo è quello di stimolare la curiosità, incoraggiare il pensiero critico e fornire un quadro completo di un fenomeno che continua a sfidare l'immaginazione umana. Siamo pronti a iniziare questo straordinario viaggio nell'ignoto.

CAPITOLO 2: IL GOVERNO DEGLI STATI UNITI E I FILE SECRETATI

Uno dei punti focali di questa esplorazione riguarda i tentativi da parte del governo degli Stati Uniti di nascondere informazioni sugli UFO e sugli incontri alieni. Nel corso dei decenni, l'interesse del governo nei confronti di questi fenomeni è stato oggetto di speculazione e controversia. In questo capitolo, esamineremo i file secretati, le teorie del complotto e i documenti declassificati che hanno alimentato le speculazioni sull'ingerenza governativa nel fenomeno UFO.

2.1 L'Ombra della Segretezza

La storia dell'interesse governativo nei confronti degli UFO è costellata da segretezza e insinuazioni di cospirazioni. Fin dai primi avvistamenti di oggetti volanti non identificati dopo la Seconda Guerra Mondiale, il governo degli Stati Uniti ha segretato informazioni e documenti relativi a questi avvistamenti. Questa segretezza ha alimentato il sospetto che ci sia di più di quanto il governo voglia farci sapere.

2.2 Il Progetto Blue Book

Uno dei capitoli più noti nella storia del coinvolgimento governativo con gli UFO è il Progetto Blue Book. Questo programma dell'United States Air Force, attivo tra il 1952 e il 1969, aveva lo scopo di indagare sugli avvistamenti di UFO e determinare se costituissero una minaccia per la sicurezza nazionale. Molti dei casi affrontati da Blue Book sono rimasti inspiegati o classificati come "non identificati", alimentando le teorie del complotto.

2.3 Il Rapporto Condon

Nel 1966, il governo degli Stati Uniti incaricò l'Università del Colorado di condurre un'indagine scientifica sugli UFO, noto come il Rapporto Condon. Questo studio ha concluso che gli UFO non rappresentavano una minaccia e che non vi erano prove di tecnologie aliene. Tuttavia, le conclusioni del rapporto sono state oggetto di controversia e molte persone le hanno interpretate come un tentativo di sviare l'attenzione dal fenomeno.

2.4 Documenti Declassificati

Nel corso degli anni, il governo degli Stati Uniti ha declassificato alcuni documenti legati agli UFO. Questi documenti, che spesso includono relazioni di avvistamenti e investigazioni ufficiali, hanno gettato luce su alcune delle attività del governo nel campo degli UFO. Tuttavia, molti ritengono che questi documenti rappresentino solo la punta dell'iceberg e che molte altre informazioni siano ancora nascoste.

2.5 Teorie del Complotto

Le teorie del complotto legate al coinvolgimento governativo negli UFO abbondano. Alcuni ritengono che il governo abbia fatto accordi segreti con esseri alieni, mentre altri credono che gli UFO siano di origine terrestre ma siano tenuti segreti per ragioni di sicurezza nazionale. Queste teorie alimentano la diffidenza nei confronti del governo e rafforzano la convinzione che ci sia un lato oscuro e nascosto del coinvolgimento governativo.

2.6 La Legge sulla Libertà di Informazione

La Legge sulla Libertà di Informazione (FOIA) negli Stati Uniti consente al pubblico di richiedere l'accesso a documenti governativi. Molte organizzazioni e individui hanno fatto ricorso alla FOIA per ottenere informazioni sugli UFO. Anche se alcuni documenti sono stati resi pubblici, molti altri rimangono segretati o censurati, alimentando il sospetto di una cospirazione.

2.7 Conclusioni e Speculazioni

Il coinvolgimento governativo negli UFO rappresenta un aspetto fondamentale della narrazione su questo fenomeno. La segretezza e la mancanza di trasparenza hanno alimentato la diffidenza del pubblico e delle comunità ufologiche. Mentre alcuni sostenitori delle teorie del complotto credono che il governo detenga prove di incontro con esseri alieni, altri ritengono che ciò che è nascosto possa avere legami con la tecnologia avanzata o la sicurezza nazionale. Nelle prossime pagine, continueremo a esaminare il ruolo del governo e i documenti declassificati, cercando di gettare luce su questo aspetto complesso del fenomeno UFO.

CAPITOLO 3: LE TESTIMONIANZE DI PILOTI E UFFICIALI

Molte testimonianze credibili provengono da piloti militari e ufficiali governativi, offrendo una prospettiva unica sul fenomeno degli UFO. Questo capitolo esplorerà dettagliatamente alcuni avvistamenti noti e i fatti connessi a essi.

3.1 L'Avvistamento di Kenneth Arnold (24 giugno 1947)

Uno dei primi e più celebri avvistamenti UFO risale al 24 giugno 1947, quando il pilota privato Kenneth Arnold affermò di aver visto nove oggetti volanti lucidi che volavano a quasi 2.000 miglia all'ora sopra le Montagne Rocciose dello Stato di Washington. L'avvistamento di Arnold è spesso considerato l'evento che ha dato inizio all'era moderna degli UFO. Il suo rapporto dettagliato ha suscitato grande interesse e ha contribuito a far nascere il termine "disco volante".

3.2 L'Incidente di Roswell (luglio 1947)

Un altro evento significativo che coinvolge un pilota militare è l'Incidente di Roswell, avvenuto nel luglio 1947. Il tenente colonnello Jesse Marcel, un ufficiale dell'Intelligence dell'Air Force, fu coinvolto nel recupero di detriti di un presunto UFO vicino a Roswell, nel Nuovo Messico.

Inizialmente, l'Air Force emise un comunicato stampa dichiarando il recupero di un "disco volante", ma successivamente ritrattò questa affermazione, sostenendo che si trattava di un pallone sonda meteorologico. Questo incidente ha alimentato le teorie del complotto sull'occultamento di prove sugli UFO da parte del governo.

3.3 L'Incontro dell'USS Nimitz (2004)

Uno dei casi più noti di incontri UFO da parte di piloti militari riguarda l'USS Nimitz, una portaerei della Marina degli Stati Uniti. Nel 2004, piloti di caccia F/A-18 Hornet dell'USS Nimitz riportarono di aver individuato e intercettato un oggetto non identificato durante un'esercitazione al largo delle coste della California. Il pilota David Fravor fornì un resoconto dettagliato di un incontro ravvicinato con un oggetto misterioso che sembrava avere tecnologie avanzate. Questo episodio ha ottenuto un'ampia copertura mediatica e ha riacceso l'interesse sul fenomeno UFO.

3.4 L'Avvistamento del Tic-Tac (2015)

Un altro noto avvistamento avvenuto nel 2015 coinvolse i piloti di caccia dell'USS Roosevelt, che riportarono l'incontro con un oggetto a forma di "Tic-Tac" che eseguiva manovre straordinarie. Questi piloti registrarono video dell'oggetto, che furono successivamente resi pubblici dal Dipartimento della Difesa degli Stati Uniti. Questo incontro ha sollevato domande sulla natura degli UFO e sul coinvolgimento del governo nella sua indagine.

3.5 Implicazioni e Coinvolgimento del Governo

Le testimonianze di piloti militari e ufficiali governativi hanno avuto implicazioni significative sull'interesse governativo nei confronti degli UFO. In molti casi, questi incontri hanno portato a indagini ufficiali e al coinvolgimento di agenzie governative. La questione della sicurezza nazionale è spesso al centro di tali indagini, poiché gli UFO possono rappresentare una potenziale minaccia o una fonte di tecnologia avanzata.

3.6 Conclusioni

Le testimonianze di piloti militari e ufficiali governativi rappresentano uno degli aspetti più convincenti del fenomeno UFO, offrendo dettagli accurati e credibili su incontri con oggetti non identificati. Questi eventi storici, insieme ad altri incontri documentati, sollevano importanti domande sul significato e l'origine degli UFO. Nel prosieguo del libro, esamineremo ulteriori aspetti di questo affascinante enigma, cercando di gettare luce su questo mistero che ha catturato l'immaginazione dell'umanità per decenni.

CAPITOLO 4: I MAGGIORI AVVISTAMENTI DI MASSA

Gli avvistamenti di UFO da parte di grandi gruppi di persone sono affascinanti perché forniscono una convalida collettiva di ciò che è stato osservato. Questo capitolo esplorerà alcuni dei casi più noti di avvistamenti di massa, analizzando le testimonianze e le implicazioni di questi eventi straordinari.

4.1 Il Caso di Phoenix Lights (1997)

Il 13 marzo 1997, migliaia di persone nella città di Phoenix, in Arizona, furono testimoni di un'impressionante formazione di luci nel cielo notturno. Le luci apparvero inizialmente come una serie di luci stellari, ma poi si disposero in un ampio V, che si estendeva per oltre 200 miglia. Molti residenti e testimoni oculari dissero di aver visto le luci muoversi in modo sincronizzato e senza rumori.

I funzionari militari inizialmente attribuirono l'evento a un addestramento di caccia A-10 Warthog, ma questa spiegazione non convinse molti testimoni, che avevano descritto qualcosa di molto diverso da un esercizio militare convenzionale. Il Caso delle "Phoenix Lights" rimane uno dei più celebri avvistamenti di UFO di massa nella storia, e le testimonianze dei testimoni oculari continuano a sfidare la spiegazione razionale.

4.2 L'Avvistamento di McMinnville (1950)

Nel maggio 1950, Paul e Evelyn Trent, residenti di McMinnville, nell'Oregon, fecero una delle fotografie di UFO più iconiche della storia. L'immagine mostrava un oggetto metallico discoidale nel cielo sopra la loro fattoria. La foto attirò l'attenzione dei media e degli investigatori ufologici, poiché era stata scattata da testimoni credibili e non aveva evidenti segni di manipolazione.

L'immagine è stata sottoposta a numerosi esami e analisi nel corso degli anni, ma non è mai stata confermata come falsificazione. L'Avvistamento di McMinnville rappresenta un caso di avvistamento di massa noto per la qualità delle prove visive fornite dai testimoni.

4.3 L'Avvistamento di Westall (1966)

Il 6 aprile 1966, oltre 200 studenti e insegnanti di una scuola di Melbourne, in Australia, riportarono di aver visto un oggetto volante non identificato sopra la scuola. Gli avvistamenti durarono circa 20 minuti, e molti testimoni dissero di aver visto un oggetto metallico a forma di disco volante. L'evento divenne noto come l'Avvistamento di Westall.

Le testimonianze degli studenti e del personale scolastico fornirono dettagli coerenti sull'avvistamento, ma il governo australiano non ha mai indagato a fondo su questo caso. L'Avvistamento di Westall rimane un mistero irrisolto, e le testimonianze dei testimoni continuano a essere oggetto di studio e interesse da parte degli ufologi.

4.4 Il Caso Ariel School (1994)

Nel settembre 1994, un gruppo di studenti della Ariel School, una scuola primaria in Zimbabwe, riferì di aver visto un UFO e di essere entrato in contatto con esseri alieni. Gli studenti, insieme agli insegnanti, descrissero un oggetto metallico con esseri alti e occhi neri che sembravano comunicare telepaticamente con loro.

Questo caso è notevole perché coinvolge una serie di testimoni credibili, tra cui i bambini, che hanno fornito narrazioni coerenti dell'evento. Gli insegnanti della scuola furono intervistati da giornalisti e ufologi, e l'Avvistamento della Ariel School è diventato uno dei casi di incontro alieno di massa più dibattuti al mondo.

4.5 Implicazioni e Sfide

Gli avvistamenti di UFO di massa rappresentano una sfida significativa per la ricerca sugli UFO. Da un lato, queste testimonianze forniscono una conferma collettiva degli eventi, ma dall'altro, l'entità del fenomeno solleva domande sul perché gli UFO compaiano di fronte a grandi gruppi di persone. La difficoltà di spiegare tali eventi e la mancanza di risposte definitive mantengono viva l'attrattiva degli UFO come un enigma inspiegabile.

4.6 Conclusioni

Gli avvistamenti di UFO di massa sono avvenimenti straordinari che coinvolgono grandi gruppi di persone e forniscono un'ulteriore dimensione al mistero degli UFO. Questi casi rappresentano un campo di studio affascinante per gli ufologi e gli investigatori, che cercano di comprendere la natura e l'origine di questi eventi. Nel proseguo del libro, esploreremo ulteriori aspetti del fenomeno UFO, cercando di gettare luce su questo mistero che continua a sfidare la nostra comprensione.

CAPITOLO 5:
INCONTRI ALIENATI DI SINGOLI INDIVIDUI

Oltre agli avvistamenti di massa, una parte significativa del fenomeno UFO riguarda gli incontri diretti tra singoli individui e presunti esseri alieni. Questi incontri hanno spesso caratteristiche uniche e complesse, che sfidano la nostra comprensione della realtà. In questo capitolo, esamineremo alcune di queste storie di incontri alienati, analizzando le prove e le implicazioni che circondano tali esperienze straordinarie.

5.1 L'Abduzione di Betty e Barney Hill (1961)

Uno dei casi più celebri di abduzione aliena coinvolge Betty e Barney Hill, una coppia di coniugi afroamericani. Nel settembre 1961, mentre erano in viaggio in auto attraverso il New Hampshire, i due affermarono di essere stati prelevati da una nave spaziale e sottoposti a esami medici da parte di esseri alieni grigi. Le loro narrazioni descrissero un'esperienza di abduzione completa con ricordi dettagliati di esami medici e comunicazioni telepatiche con gli alieni.

Le narrazioni dei coniugi Hill furono oggetto di un'ampia indagine da parte di esperti, inclusi ipnologi e ufologi. Sebbene le prove dirette fossero limitate, i dettagli delle loro testimonianze e la sincerità dei coniugi Hill hanno mantenuto vivo l'interesse per questo caso, che rappresenta uno dei primi casi di abduzione aliena noti.

5.2 Il Caso Allagash Waterway (1976)

Nel 1976, quattro amici, Jack Weiner, Jim Weiner, Charles Foltz e Charles Rak, fecero un viaggio di canoa nel Maine, durante il quale riportarono un incontro alieno. Gli uomini affermarono di essere stati abbordati da una luce intensa e di essere stati soggetti a un esame medico da parte di esseri alieni grigi con grandi occhi neri. Le loro narrazioni concordavano in modo sorprendente, nonostante non avessero pianificato di raccontare l'esperienza a nessuno.

L'evento fu successivamente soggetto a un'ipnosi regressiva, che confermò le narrazioni dei quattro uomini. Il Caso Allagash Waterway rappresenta uno degli incontri alienati più documentati e studiati, con narrazioni coerenti e prove psicologiche dell'esperienza.

5.3 Il Caso Travis Walton (1975)

Nel 1975, Travis Walton, un lavoratore forestale in Arizona, affermò di essere stato rapito da un disco volante mentre lavorava in una zona boscosa. Il suo presunto rapimento durò diversi giorni, durante i quali disse di essere stato sottoposto a esami medici da parte di esseri alieni. La sua storia provocò una massiccia copertura mediatica e fu oggetto di dibattito e controversia.

Il caso di Travis Walton è noto per essere uno dei primi e più noti casi di abduzione aliena degli Stati Uniti e ha ricevuto attenzione da parte di ricercatori e scettici. La sua testimonianza, le narrazioni dei suoi compagni di lavoro e i dettagli dell'evento sono stati oggetto di studio e indagine per decenni.

5.4 Incontri Con Esseri di Luce (Vari)

Oltre alle classiche abduzioni con esseri grigi, alcune persone affermano di essere entrate in contatto con esseri di luce o entità spirituali durante incontri alienati. Queste esperienze spesso coinvolgono comunicazioni telepatiche, esperienze extracorporee e sensazioni di amore e compassione da parte degli esseri. Sebbene tali incontri siano più difficili da documentare in modo oggettivo, sono una parte significativa delle narrazioni sugli UFO e sugli incontri alienati.

5.5 Implicazioni e Domande Senza Risposta

Gli incontri alienati di singoli individui rappresentano un campo di studio complesso e affascinante. Queste esperienze sollevano domande sulla natura della coscienza umana, sulla realtà e sulla possibile esistenza di forme di vita extraterrestri o dimensionali. Alcune teorie suggeriscono che questi incontri potrebbero essere il risultato di processi mentali o esperienze dissociative, mentre altri li considerano prove di interazioni con esseri non umani.

5.6 Conclusioni

Gli incontri alienati di singoli individui sono una parte significativa del panorama UFO e rappresentano uno dei lati più complessi e affascinanti del fenomeno. Mentre molte di queste storie sfidano la spiegazione razionale, continuano a essere oggetto di indagine e dibattito. Nel prosieguo del libro, esamineremo ulteriori aspetti del fenomeno UFO, cercando di gettare luce su questo mistero che ha catturato l'attenzione del mondo per decenni.

CAPITOLO 6:
GLI EGIZI E LE RAPPRESENTAZIONI DI ESSERI E MACCHINE ALIENE

Una delle teorie più intriganti e controverse legate al fenomeno UFO afferma che le rappresentazioni nei geroglifici egizi potrebbero raffigurare eventi a cui gli antichi Egizi hanno assistito, coinvolgendo esseri e macchine venuti da un altro mondo. In questo capitolo, esploreremo questa teoria affascinante e le prove a suo supporto.

6.1 Gli Enigmi dei Geroglifici Egizi

Gli antichi Egizi ci hanno lasciato un ricco patrimonio di testi, disegni e geroglifici che ci forniscono un'affascinante finestra sulla loro cultura e le loro credenze. Tra queste rappresentazioni, ci sono alcune che hanno sollevato interrogativi e speculazioni sulla possibilità che gli Egizi abbiano assistito a eventi straordinari.

6.2 I Geroglifici e le Mie Interpretazioni

Molti ricercatori, ufologi e appassionati delle teorie degli antichi astronauti sostengono che alcuni geroglifici egizi possono raffigurare scene che sembrano corrispondere a eventi legati agli UFO e agli incontri con esseri extraterrestri. Tuttavia, va notato che queste interpretazioni sono fortemente contestate da molti egittologi e scienziati.

6.3 I Papyrus di Tulli

Uno dei documenti spesso citati in supporto di questa teoria è noto come i "Papyrus di Tulli". Si tratta di un insieme di papyri scoperti a Luxor, in Egitto, nel 1934. Secondo alcuni interpreti, questi papyri contengono descrizioni di eventi che potrebbero essere interpretati come incontri con esseri di origine sconosciuta e veicoli misteriosi.

Tuttavia, la validità di questa interpretazione è oggetto di dibattito. Gli egittologi tradizionali considerano i "Papyrus di Tulli" come testi che trattano principalmente questioni amministrative e finanziarie, e non come resoconti di incontri con alieni o UFO.

6.4 Raffigurazioni di "Astronavi"

Alcuni sostenitori della teoria degli antichi astronauti hanno identificato raffigurazioni nei geroglifici che sembrano assomigliare a veicoli volanti moderni o oggetti che potrebbero essere interpretati come astronavi. Tali rappresentazioni spaziano da disegni simili a dischi volanti a immagini di carri o veicoli che potrebbero essere interpretati come mezzi di trasporto avanzati.

Tuttavia, gli egittologi tradizionali ritengono che tali raffigurazioni possano essere spiegate come simboli o rappresentazioni artistiche di concetti culturali e religiosi dell'antico Egitto, senza la necessità di coinvolgere l'ipotesi di visitatori extraterrestri.

6.5 Gli Dei Egizi e le Interpretazioni

Alcuni sostenitori della teoria degli antichi astronauti suggeriscono che le rappresentazioni degli dèi egizi potrebbero essere in realtà raffigurazioni di esseri alieni. Ad esempio, la figura di Ra, il dio del Sole, è stata interpretata da alcuni come una rappresentazione di un essere extraterrestre o di un viaggiatore spaziale.

Tuttavia, gli egittologi sottolineano che le divinità egizie avevano una profonda importanza religiosa e simbolica nella cultura egizia, e interpretare tali figure come extraterrestri è un'interpretazione controversa e non condivisa.

6.6 Conclusioni e Controversie

La teoria che gli antichi Egizi abbiano assistito a eventi legati agli UFO e agli esseri alieni è affascinante ma altamente controversa. Mentre alcuni vedono nei geroglifici prove di tali eventi, gli egittologi tradizionali ritengono che queste rappresentazioni siano meglio spiegate come parte della mitologia e della cultura egizia.

La teoria degli antichi astronauti solleva domande affascinanti sulla possibilità di incontri storici tra l'umanità e esseri provenienti da altri mondi. Tuttavia, la mancanza di prove definitive rende questa teoria oggetto di ampio dibattito e scetticismo. Nei capitoli successivi, esploreremo ulteriori aspetti del fenomeno UFO, cercando di gettare luce su questo enigma complesso e affascinante.

CAPITOLO 7: AKENATON E LA SUA FAMIGLIA COME ALIENI CON POTERI

Akenaton, il faraone dell'antico Egitto noto anche come Amenhotep IV, è una figura enigmatica nella storia egizia. La sua breve ma intensa reggenza ha portato ad alcune delle teorie più intriganti e controverse sul suo possibile legame con esseri alieni e poteri speciali. In questo capitolo, esamineremo le caratteristiche di Akenaton, il suo cranio e il simbolismo del dio Sole come disco di luce solare alla luce delle teorie che suggeriscono che lui e la sua famiglia fossero alieni con poteri.

7.1 La Rivoluzione Religiosa di Akenaton

Akenaton è noto principalmente per la sua rivoluzione religiosa, durante la quale introdusse il culto del dio Sole, Aton, come unico dio supremo, sopprimendo il pantheon tradizionale degli dèi egizi. Questo cambiamento radicale nella religione e nella cultura egizia è stato oggetto di dibattito tra gli storici e gli archeologi, con alcune teorie che suggeriscono che Akenaton potrebbe aver avuto una fonte di ispirazione insolita.

7.2 Il Cranio Anomalo di Akenaton

Una delle caratteristiche fisiche più intriganti di Akenaton è stata la forma insolita del suo cranio. Alcuni studiosi e teorici sostengono che il cranio allungato di Akenaton, con una fronte allargata e un mento pronunciato, possa essere stato causato da una patologia o da deformazioni craniche artificiali. Tuttavia, alcune teorie suggeriscono che questa caratteristica potrebbe essere il risultato di un'origine extraterrestre, o addirittura di una possibile ibridazione tra esseri umani e alieni.

È importante sottolineare che le deformazioni craniche artificiali erano una pratica comune nell'antico Egitto e in molte altre culture, e la forma del cranio di Akenaton potrebbe essere spiegata da tali pratiche.

7.3 Il Simbolismo del Dio Sole Aton

Akenaton è spesso rappresentato in opere d'arte e monumenti come il promotore del culto del dio Sole, Aton, il cui simbolo è un disco di luce solare. Questo simbolismo ha alimentato le speculazioni riguardo a una possibile connessione tra Akenaton, il culto di Aton e l'idea di un'influenza extraterrestre.

Alcune teorie sostengono che il simbolismo del disco di luce potrebbe rappresentare una conoscenza avanzata dell'energia solare o una connessione con civiltà aliene che venivano rappresentate come esseri di luce o entità legate al Sole. Tuttavia, queste interpretazioni rimangono speculazioni senza una base empirica solida.

7.4 Poteri Speciali e Conoscenze Avanzate

Alcune teorie suggeriscono che Akenaton e la sua famiglia potessero avere poteri speciali o conoscenze avanzate che li rendevano unici. Queste teorie si basano sulla rivoluzione religiosa di Akenaton, sulla sua straordinaria capacità di introdurre un nuovo culto religioso e sulla sua abilità nel promuovere il culto di Aton.

Tuttavia, non esistono prove concrete di poteri speciali o di conoscenze avanzate associati ad Akenaton e alla sua famiglia. Molte delle loro realizzazioni possono essere spiegate attraverso contesti storici, politici e culturali dell'epoca.

7.5 Conclusioni e Verità Nascoste

Le teorie che suggeriscono che Akenaton e la sua famiglia fossero alieni con poteri speciali rimangono altamente speculative e controverse. Mentre la storia di Akenaton è affascinante e piena di enigmi, le prove empiriche per sostenere tali affermazioni sono deboli. È importante esaminare tali teorie con uno spirito critico e cercare spiegazioni più plausibili all'interno del contesto storico e culturale dell'antico Egitto.

Nel prosieguo del libro, esploreremo ulteriori aspetti del fenomeno UFO, cercando di gettare luce su questo enigma complesso e affascinante, senza dimenticare di mantenere un approccio equilibrato e basato sulle prove.

CAPITOLO 8: GLI ARGOMENTI A FAVORE DELLA TESI ALIEN

In questo capitolo, esamineremo una serie di argomenti a favore della tesi che suggerisce l'esistenza di presenze extraterrestri e incontri con esseri alieni sulla Terra. Questi argomenti si basano su avvistamenti recenti, prove scientifiche, testimonianze di abduzioni e altre evidenze che alimentano il dibattito in corso sulla questione degli UFO e degli alieni.

8.1 Avvistamenti di UFO Recenti

Uno degli argomenti principali a favore della tesi aliena sono gli avvistamenti recenti di UFO. Nel corso degli anni, migliaia di persone in tutto il mondo hanno riferito di aver visto oggetti volanti non identificati nei cieli. Alcuni di questi avvistamenti sono stati confermati da video, foto e radar, rendendo difficile spiegare tali fenomeni come semplici errori di percezione o eventi naturali.

Gli ufologi sostengono che questi avvistamenti rappresentano prove tangibili dell'attività di entità extraterrestri sulla Terra. Sebbene molti di questi avvistamenti possano avere spiegazioni terrene, alcuni rimangono inspiegabili e sollevano domande sulla possibile origine aliena.

8.2 Prove Fotografiche ed Video

Negli ultimi decenni, l'uso diffuso di telefoni cellulari e fotocamere digitali ha portato a un aumento delle prove fotografiche e video sugli UFO. Molti di questi materiali mostrano oggetti non identificati nel cielo, che si comportano in modi insoliti o apparentemente impossibili. Tali prove visive hanno portato alcuni a sostenere che queste registrazioni rappresentino prove concrete di presenze aliene.

Tuttavia, è importante notare che le prove visive possono essere soggette a interpretazioni errate o manipolazioni, e molte foto e video di UFO sono stati oggetto di critiche da parte degli scettici.

8.3 Testimonianze di Abduzioni

Le testimonianze di abduzioni da parte di esseri alieni costituiscono un altro argomento a favore della tesi aliena. Molti individui sostengono di essere stati prelevati da navi spaziali e sottoposti a esami medici da parte di esseri alieni. Queste testimonianze spesso condividono elementi simili, come la descrizione degli esseri grigi con grandi occhi neri e le esperienze di comunicazione telepatica.

Le testimonianze di abduzioni sollevano domande sulla possibilità di incontri diretti tra esseri umani e extraterrestri. Tuttavia, gli scettici suggeriscono che tali esperienze potrebbero essere il risultato di fenomeni psicologici o allucinazioni, piuttosto che incontri reali con alieni.

8.4 Prove Fisiche

Alcuni sostenitori della tesi aliena affermano che esistono prove fisiche di incontri con alieni, come campioni biologici, impianti sottocutanei o tracce fisiche lasciate da navi spaziali. Tuttavia, queste prove sono spesso controverse e difficili da verificare in modo indipendente.

Alcuni ricercatori e ufologi hanno condotto analisi su campioni biologici o tracce fisiche, ma i risultati sono spesso ambigui o soggetti a contestazioni. La mancanza di prove fisiche definitive rappresenta una sfida significativa per la tesi aliena.

8.5 Eventi Storici e Documenti Declassificati

Alcuni argomenti a favore della tesi aliena si basano su eventi storici e documenti governativi declassificati. Ad esempio, ci sono casi in cui i governi hanno condotto investigazioni sugli UFO e hanno declassificato documenti ufficiali che descrivono incontri con oggetti volanti non identificati. Questi documenti alimentano le speculazioni sulla possibile conoscenza governativa di presenze extraterrestri.

Tuttavia, gli scettici sostengono che tali documenti potrebbero essere il risultato di errori di identificazione, fenomeni naturali o esercizi militari segreti, piuttosto che prove di incontri alieni.

8.6 Conclusioni

Gli argomenti a favore della tesi aliena sono numerosi e variegati, ma rimangono ampiamente controversi. Mentre alcune prove possono sembrare intriganti, la mancanza di evidenze definitive continua a rendere il dibattito sugli UFO e sugli incontri alieni una questione senza una risposta chiara.

Nel prosieguo del libro, continueremo a esaminare ulteriori aspetti del fenomeno UFO, cercando di gettare luce su questo enigma che continua a sfidare la nostra comprensione. Sarà importante considerare sia gli argomenti a favore che quelli contrari in modo equilibrato per ottenere una visione completa della questione.

CAPITOLO 9: GLI UFO E LA TECNOLOGIA UMANA

Un aspetto affascinante del fenomeno UFO è la possibilità che gli oggetti volanti non identificati possano essere il prodotto di tecnologie umane avanzate. In questo capitolo, esamineremo le teorie che suggeriscono il coinvolgimento umano nella creazione di UFO e l'uso di tecnologie segrete per spiegare alcuni avvistamenti.

9.1 Il Contesto delle Tecnologie Umane Avanzate

Negli ultimi decenni, l'umanità ha fatto enormi progressi nella tecnologia aeronautica e spaziale. Lo sviluppo di aerei supersonici, veicoli spaziali e droni ad alta velocità ha reso possibile la creazione di dispositivi volanti che sfidano le leggi fisiche tradizionali. Queste tecnologie avanzate possono spesso apparire come oggetti volanti non identificati a chi non ne è a conoscenza.

9.2 Aerei Sperimentali e Prototipi Segreti

Una delle teorie più diffuse suggerisce che molti UFO potrebbero essere aerei sperimentali o prototipi segreti sviluppati da governi o società di difesa. Questi velivoli segreti possono avere caratteristiche insolite, come la capacità di volare a velocità elevate, eseguire manovre strane o rimanere invisibili ai radar. Alcuni esempi storici includono il Lockheed SR-71 Blackbird e il B-2 Spirit, che in passato sono stati scambiati per UFO.

9.3 Droni e Veicoli Senza Pilota

Con l'avanzamento della tecnologia dei droni, sempre più oggetti volanti non identificati potrebbero essere droni o veicoli senza pilota. Questi dispositivi possono essere controllati a distanza e possono spesso apparire come orbite luminose nel cielo o oggetti in movimento. La tecnologia dei droni è in continua evoluzione, rendendo possibile la creazione di dispositivi sempre più avanzati.

9.4 Esperimenti Militari

Alcune teorie suggeriscono che gli UFO possano essere il risultato di esperimenti militari condotti da forze armate o agenzie governative. Questi esperimenti possono coinvolgere aerei sperimentali, armi e tecnologie di sorveglianza avanzate. Tali operazioni spesso vengono tenute segrete per ragioni di sicurezza nazionale e possono apparire come eventi misteriosi o insoliti per il pubblico.

9.5 Test Segreti di Propulsione

La ricerca di nuove forme di propulsione è sempre stata un obiettivo importante nella tecnologia aerospaziale. Alcune teorie suggeriscono che gli UFO potrebbero essere il risultato di test segreti di propulsione, come motori ad antimateria o tecnologie che sfruttano principi fisici sconosciuti. Tali esperimenti potrebbero spiegare le manovre strane e le velocità incredibili osservate negli avvistamenti di UFO.

9.6 Sfide nella Conferma delle Teorie

Sebbene le teorie che suggeriscono il coinvolgimento umano nella creazione di UFO siano interessanti e plausibili, presentano alcune sfide. Una delle sfide principali è la mancanza di prove concrete e documentazione ufficiale che confermino tali affermazioni. Molte operazioni militari e sperimenti segreti sono classificati e rimangono al di fuori della conoscenza pubblica.

9.7 Conclusioni

Gli UFO sono un fenomeno complesso e intrigante che continua a suscitare domande e discussioni in tutto il mondo. Mentre alcune teorie suggeriscono che gli UFO possano essere il risultato di tecnologie umane avanzate, altre teorie sostengono l'origine extraterrestre di questi avvistamenti. È importante esaminare attentamente tutte le evidenze e considerare tutte le possibilità per arrivare a una comprensione completa del fenomeno UFO.

Nel prossimo capitolo, esploreremo ulteriori aspetti del mistero degli UFO, comprese le teorie che suggeriscono un coinvolgimento extraterrestre nella storia umana e il possibile impatto di tali incontri sulla società e sulla cultura.

CAPITOLO 10: ABDUZIONI ALIENATE

Le storie di presunte abduzioni da parte di esseri alieni hanno catturato l'immaginazione del pubblico e degli studiosi per decenni. In questo capitolo, esamineremo dettagliatamente alcune di queste storie, discutendo dei dettagli, delle testimonianze e delle implicazioni dietro le presunte esperienze di abduzione da parte di esseri alieni.

10.1 La Fenomenologia delle Abduzioni

Le abduzioni aliene sono esperienze in cui gli individui sostengono di essere stati prelevati contro la loro volontà da entità extraterrestri, spesso da esseri grigi con grandi occhi neri. Queste esperienze includono la sensazione di paralisi, l'incapacità di muoversi o reagire e la percezione di essere sottoposti a esami medici o procedure invasive. Le abduzioni sono spesso accompagnate da amnesie parziali o totali, con i soggetti che ricordano solo frammenti delle loro esperienze.

10.2 Le Storie di Abduzione più Note

Nel corso degli anni, molte storie di abduzione sono diventate famose e oggetto di studio da parte di ricercatori e ufologi. Una delle più celebri è il caso di Betty e Barney Hill, una coppia che affermò di essere stata rapita da esseri grigi nel 1961. Altre storie notevoli includono il caso di Travis Walton, che dichiarò di essere stato rapito da un UFO nel 1975, e il caso di Whitley Strieber, autore del libro "Comunione," che racconta le sue esperienze di abduzione.

10.3 Le Abduzioni Come Esperienze Traumatiche

Per coloro che sostengono di essere stati rapiti da esseri alieni, queste esperienze sono spesso traumatiche e potrebbero avere un impatto significativo sulla loro salute mentale e sul loro benessere. Molti individui riferiscono di soffrire di disturbi post-traumatici da stress, ansia e depressione a seguito di una presunta abduzione.

Gli studiosi e gli psicologi hanno cercato di comprendere come queste esperienze possano essere interpretate e trattate. Alcuni sostengono che le abduzioni siano il risultato di esperienze oniriche, allucinazioni o disturbi dissociativi, mentre altri ritengono che potrebbero avere una base più reale.

10.4 Sotto I Riflettori della Cultura Pop

Le storie di abduzione sono diventate un elemento importante nella cultura popolare. Film, serie televisive e libri hanno spesso affrontato il tema delle abduzioni aliene. Questa esposizione mediatica ha alimentato l'interesse del pubblico per il fenomeno delle abduzioni, ma ha anche sollevato domande sulla loro autenticità e origine.

10.5 Le Teorie sulle Abduzioni Alienate

Esistono diverse teorie sulle cause delle abduzioni aliene. Alcuni ufologi sostengono che queste esperienze sono il risultato di incontri reali con entità extraterrestri che studiano gli esseri umani per scopi sconosciuti. Altri suggeriscono che potrebbero essere il prodotto di proiezioni mentali, sogni o allucinazioni indotte da stress o traumi.

Un'altra teoria ritiene che le abduzioni possano essere spiegate attraverso il fenomeno della paralisi nel sonno, in cui le persone sperimentano un breve stato di immobilità muscolare durante il sonno, spesso accompagnato da allucinazioni. Questo stato di paralisi potrebbe portare a esperienze che sembrano corrispondere alle descrizioni delle abduzioni aliene.

10.6 La Complessità delle Abduzioni Aliene

Le abduzioni aliene rappresentano uno dei lati più complessi e controversi del fenomeno UFO. Mentre alcune testimonianze sembrano autentiche e convincenti per coloro che le vivono, la mancanza di prove concrete e riproducibili le rende ancora oggetto di dibattito.

Nel prosieguo del libro, esploreremo ulteriori aspetti del fenomeno UFO, cercando di gettare luce su questo enigma che continua a sfidare la nostra comprensione. Sarà importante considerare sia gli aspetti emotivi che le spiegazioni razionali per ottenere una visione completa del fenomeno delle abduzioni aliene.

CAPITOLO 11: UFO E LA CULTURA POPOLARE

Gli UFO e gli alieni hanno svolto un ruolo significativo nella cultura popolare, influenzando l'immaginario collettivo attraverso film, libri, serie TV, videogiochi e altro ancora. In questo capitolo, esploreremo come il fenomeno UFO sia stato rappresentato e interpretato nella cultura popolare, esaminando il suo impatto e i messaggi trasmessi.

11.1 Gli Inizi della Cultura Popolare UFO

L'influenza degli UFO sulla cultura popolare ha radici profonde negli anni '40 e '50, quando si verificarono alcuni dei primi avvistamenti di oggetti volanti non identificati. Questi eventi furono ampiamente coperti dai media, contribuendo a creare un clima di mistero e speculazione intorno agli UFO.

Film come "Invasion of the Body Snatchers" (1956) di Don Siegel e "The Day the Earth Stood Still" (1951) di Robert Wise rappresentarono gli alieni come minacce o pacifici portatori di messaggi.

Questi film iniziarono a delineare il ruolo degli UFO e degli alieni nella cultura popolare.

11.2 Il Genere UFO nell'Arte Narrativa

Il genere UFO ha avuto un impatto significativo sulla narrativa, con autori come H.G. Wells, Isaac Asimov e Arthur C. Clarke che hanno scritto storie che coinvolgono incontri con esseri extraterrestri e viaggi spaziali. Opere come "The War of the Worlds" di Wells e "2001: A Space Odyssey" di Clarke sono divenute pietre miliari del genere fantascientifico.

11.3 La Televisione e gli UFO

La televisione ha giocato un ruolo fondamentale nella diffusione della cultura popolare UFO. Serie TV come "The X-Files" e "Ancient Aliens" hanno affrontato il tema degli UFO e degli alieni, contribuendo a mantenere vivo l'interesse del pubblico. "The X-Files," in particolare, ha ispirato una fervente base di fan ed è diventato un simbolo del genere fantascientifico.

11.4 UFO nei Film

Gli UFO e gli alieni hanno spesso occupato un posto di rilievo nei film di Hollywood. Pellicole come "E.T. the Extra-Terrestrial" (1982) di Steven Spielberg hanno presentato alieni come personaggi amichevoli e affascinanti. Altri film, come "Independence Day" (1996) di Roland Emmerich, hanno raffigurato gli UFO come minacce aliene che mettono in pericolo la Terra.

L'immaginario degli UFO ha anche ispirato molti film horror e di fantascienza, contribuendo a creare un vasto universo di storie che coinvolgono incontri con esseri extraterrestri.

11.5 UFO e la Musica

La cultura popolare UFO ha anche influenzato il mondo della musica. Artisti come David Bowie hanno scritto canzoni sulla possibilità della vita extraterrestre, mentre gruppi come i Blue Öyster Cult hanno utilizzato simboli e immagini legate agli UFO nelle loro copertine e testi.

L'immaginario UFO è stato utilizzato in vari generi musicali, dalla musica elettronica alla musica rock, contribuendo a creare un legame tra la musica e il mistero degli UFO.

11.6 UFO nei Videogiochi

I videogiochi non sono stati estranei all'influenza degli UFO e degli alieni. Titoli come "XCOM: Enemy Unknown" e "Mass

Effect" hanno presentato storie complesse di incontri con extraterrestri e invasioni aliene. Questi giochi spesso sfidano i giocatori a difendere la Terra da minacce aliene, aggiungendo un elemento di suspense e tensione.

11.7 Il Messaggio degli UFO nella Cultura Popolare

Gli UFO nella cultura popolare spesso trasmettono messaggi complessi. Da un lato, gli UFO possono rappresentare la paura dell'ignoto e la minaccia di una forza superiore. D'altra parte, gli alieni possono simboleggiare l'idea della diversità e dell'incontro con "l'altro."

Alcuni interpretano gli UFO come una metafora per i cambiamenti sociali e culturali, mentre altri vedono nelle storie di incontri con esseri extraterrestri una speranza per un futuro migliore o una via di fuga dalla realtà.

11.8 Conclusioni

Gli UFO e gli alieni hanno giocato un ruolo significativo nella cultura popolare, influenzando l'arte, la letteratura, il cinema, la musica e i videogiochi. Questo fenomeno ha catturato l'immaginazione del pubblico e ha dato vita a un vasto universo di storie e idee. Mentre le rappresentazioni degli UFO variano da minacce aliene a creature amichevoli, queste storie continuano a riflettere le nostre speranze, paure e fascinazioni nei confronti dell'ignoto.

Nel prossimo capitolo, esploreremo ulteriori aspetti del fenomeno UFO, concentrandoci sulla ricerca scientifica e sugli sforzi per comprendere meglio la possibile realtà degli UFO e degli incontri alieni.

CAPITOLO 12: FENOMENI CELESTI INESPLICABILI

Nel vasto cielo notturno e nel nostro universo in continua espansione, esistono fenomeni celesti che sfidano la spiegazione razionale. Questi eventi misteriosi e inesplicabili sono stati oggetto di studio e speculazione da parte degli astronomi, degli ufologi e dei ricercatori per anni. In questo capitolo, esamineremo alcuni di questi fenomeni celesti e le teorie associate a essi.

12.1 Luce Fantasma

Uno dei fenomeni celesti più intriganti è conosciuto come "luce fantasma" o "luce di Hessdalen." Questo enigma ha luogo nella valle di Hessdalen, in Norvegia, dove sono state osservate misteriose luci che fluttuano nel cielo. Queste luci possono apparire in vari colori e spesso si muovono a velocità variabili, cambiando direzione in modo apparentemente casuale.

Gli scienziati hanno cercato di spiegare le luci di Hessdalen attraverso varie teorie, tra cui l'ipotesi di gas ionizzati nella regione e l'interazione con il terreno. Tuttavia, le cause esatte delle luci rimangono in gran parte sconosciute.

12.2 Fenomeni di Fulmini Globulari

I fulmini globulari sono un tipo di fenomeno celeste che continua a sfidare la spiegazione scientifica. Questi fulmini si presentano come sfere luminose o globi di luce che si muovono nel cielo, spesso senza seguire i modelli di fulmini tradizionali.

Mentre i fulmini sono ben compresi dalla scienza, i fulmini globulari rappresentano un enigma. Alcune teorie suggeriscono che possano essere il risultato di reazioni chimiche in atmosfere particolarmente cariche di gas, ma non esiste ancora una spiegazione definitiva per questo fenomeno.

12.3 UFO di Forma Triangolare

Gli avvistamenti di UFO di forma triangolare sono diventati sempre più comuni negli ultimi anni. Questi oggetti volanti non identificati hanno una struttura triangolare e spesso sono descritti come silenziosi e altamente manovrabili.

Le teorie sulla natura di questi UFO variano ampiamente. Alcuni sostengono che potrebbero essere velivoli militari sperimentali o droni ad alta tecnologia, mentre altri li considerano come possibili astronavi extraterrestri. La discussione su questi misteriosi oggetti è ancora aperta e in corso.

12.4 Avvistamenti di Oggetti Volanti Luminosi

Alcuni testimoni hanno riferito di avvistamenti di oggetti volanti luminosi nel cielo, spesso accompagnati da cambiamenti di forma e colori. Questi oggetti possono apparire come sfere, dischi o altri geometrici e possono spostarsi a velocità incredibili o eseguire manovre impossibili per aeromobili tradizionali.

Le spiegazioni per questi avvistamenti variano da fenomeni atmosferici particolari, come i bagliori o i riflessi, a tecnologie segrete sperimentali o persino incontri con entità extraterrestri.

12.5 Fenomeni Celesti Insoliti

Altri fenomeni celesti insoliti includono scie chimiche, strane anomalie atmosferiche, oggetti caduti dal cielo e altri eventi che sembrano sfidare la spiegazione razionale. Molti di questi fenomeni sono stati oggetto di studio da parte degli scienziati, ma spesso restano avvolti nel mistero.

12.6 La Continua Speculazione

La continua speculazione sui fenomeni celesti inesplicabili riflette la nostra incessante curiosità e desiderio di comprendere l'universo che ci circonda. Mentre la scienza ha fatto progressi significativi nella comprensione dei fenomeni celesti, ci sono ancora eventi che sfuggono alla spiegazione.

Il dibattito sui fenomeni celesti inesplicabili continua a essere alimentato da testimoni oculari, ricercatori indipendenti e appassionati di UFO. Questi fenomeni offrono una sfida intrigante per la comunità scientifica e un'opportunità per esplorare il nostro mondo e l'universo in modo più approfondito.

12.7 Conclusioni

I fenomeni celesti inesplicabili rappresentano un aspetto affascinante e in continua evoluzione della nostra comprensione del cosmo. Mentre la scienza fa progressi nell'approfondimento di tali fenomeni, il mistero e l'incertezza rimangono un elemento fondamentale della nostra esplorazione del cielo notturno.

Nel prossimo capitolo, esamineremo ulteriori aspetti del fenomeno UFO, concentrandoci sulla ricerca scientifica e sugli sforzi per comprendere meglio la possibile realtà degli UFO e degli incontri alieni.

CAPITOLO 13: IL MISTERO DELLE CROP CIRCLE

Le crop circle, o cerchi nel grano, sono intricate formazioni geometriche che appaiono improvvisamente nei campi di grano e altre coltivazioni. Questi misteriosi disegni sono stati oggetto di interesse, speculazione e dibattito per molti anni. In questo capitolo, esamineremo le prove e le teorie che circondano il fenomeno delle crop circle.

13.1 La Comparsa delle Crop Circle

Le crop circle hanno iniziato a comparire negli anni '70, in particolare nel Regno Unito, ma si sono diffusi in tutto il mondo. Queste formazioni complesse sono spesso costituite da intricati disegni geometrici, come cerchi, anelli, triangoli e altre figure. Ciò che le rende ancora più misteriose è che spesso appaiono durante la notte o in brevi lassi di tempo, apparentemente senza testimoni.

13.2 Le Teorie sull'Origine delle Crop Circle

Esistono diverse teorie sull'origine delle crop circle, alcune delle quali suggeriscono un coinvolgimento umano, mentre altre puntano verso cause paranormali o addirittura extraterrestri. Vediamo alcune delle principali teorie:

13.2.1 Scherzi Umani

Una delle spiegazioni più comuni è che le crop circle siano il risultato di scherzi umani. Gruppi di artisti e maker si sono dichiarati responsabili della creazione di alcune formazioni, utilizzando tavole e corde per piegare i cereali. Queste formazioni potrebbero essere elaborate opere d'arte o tentativi di ingannare il pubblico.

13.2.2 Energia Naturale

Alcuni sostengono che le crop circle sono il risultato di fenomeni naturali sconosciuti o di energie sconosciute. Queste teorie suggeriscono che forze misteriose, come vortici d'aria o raggi energetici, possano piegare e plasmare i cereali senza l'intervento umano.

13.2.3 Tecnologia Alien

Una teoria più controversa è che le crop circle siano il lavoro di entità extraterrestri. Sostenitori di questa teoria affermano che le formazioni geometriche complesse non potrebbero essere create dagli esseri umani con mezzi tradizionali e che devono essere il risultato di tecnologie avanzate di origine aliena.

13.3 Le Caratteristiche delle Crop Circle

Le crop circle presentano alcune caratteristiche distintive che hanno contribuito a alimentare il mistero:

Linee regolari e curve perfette: Le formazioni sono spesso caratterizzate da linee diritte e curve perfettamente disegnate, cosa che sarebbe difficile da realizzare manualmente senza lasciare tracce evidenti.

Noduli e pieghe: I noduli negli steli delle piante e le pieghe regolari sono spesso osservati all'interno delle crop circle. Questi noduli e pieghe sembrano diversi da quelli creati artificialmente.

Mancanza di segni di accesso: Molte formazioni appaiono in campi circondati da colture alte, senza alcun segno di accesso umano. Questo ha portato a speculazioni sulla loro origine.

Cambiamenti nei campi elettrici: In alcune crop circle, sono stati rilevati cambiamenti nei campi elettrici e magnetici nelle vicinanze. Alcuni sostengono che questo potrebbe essere un segno di un'origine non umana.

13.4 La Complessità delle Crop Circle

Il fenomeno delle crop circle è complesso e controverso. Mentre alcune formazioni sono state dimostrate essere opere umane elaborate, altre continuano a sfidare la spiegazione. La mancanza di testimonianze oculari o prove concrete rende difficile determinare l'origine di molte di queste formazioni.

13.5 Ricerche Scientifiche

Alcuni scienziati hanno condotto ricerche sulle crop circle per cercare di comprendere meglio il fenomeno. Tuttavia, la mancanza di finanziamenti e la difficoltà nel condurre studi approfonditi hanno reso difficile ottenere risultati conclusivi.

13.6 Conclusioni

Il mistero delle crop circle continua a sfidare la spiegazione e ad alimentare la curiosità del pubblico. Mentre alcune formazioni sono il risultato di scherzi umani o fenomeni naturali, altre rimangono enigmatiche e provocano dibattiti tra gli appassionati di UFO, ufologi e scienziati.

Nel prossimo capitolo, esamineremo ulteriori aspetti del fenomeno UFO, concentrandoci sulla ricerca scientifica e sugli sforzi per comprendere meglio la possibile realtà degli UFO e degli incontri alieni.

CAPITOLO 14: IL RUOLO DELLA NASA NELLA RICERCA SUGLI UFO

La NASA (National Aeronautics and Space Administration) è un'agenzia spaziale americana con l'obiettivo principale di esplorare lo spazio e condurre ricerche scientifiche nell'ambito aerospaziale. Nel corso degli anni, la NASA ha svolto un ruolo importante nella ricerca sugli UFO, sebbene la sua missione principale non sia strettamente correlata a questo fenomeno. In questo capitolo, esamineremo il coinvolgimento della NASA nelle indagini sugli UFO e cosa l'agenzia ha scoperto.

14.1 L'Interesse Iniziale della NASA

Negli anni '50 e '60, quando il fenomeno UFO ha acquisito notorietà negli Stati Uniti, la NASA ha dimostrato un certo interesse nel fenomeno. Diversi astronauti hanno riferito di avvistamenti di UFO durante le loro missioni spaziali, e ciò ha portato a una maggiore consapevolezza e curiosità riguardo al fenomeno tra il personale della NASA.

14.2 Il Progetto Blue Book

Anche se la NASA non ha avuto un ruolo principale nelle indagini sugli UFO, un progetto noto come "Blue Book" è stato condotto dall'U.S. Air Force. Questo progetto aveva lo scopo di raccogliere, analizzare e archiviare rapporti sugli UFO. Sebbene la NASA non fosse direttamente coinvolta in questo progetto, il suo personale ha occasionalmente fornito input e supporto tecnico alle indagini.

14.3 Gli Avvistamenti di Astronauti

Gli astronauti che hanno partecipato a missioni spaziali sono stati spesso oggetto di speculazioni riguardo agli avvistamenti di UFO. Alcuni hanno riferito di strane osservazioni durante le missioni, inclusi oggetti non identificati che sembravano seguire o sorvolare le loro navicelle spaziali.

Ad esempio, durante la missione Apollo 11, i membri dell'equipaggio, Neil Armstrong, Buzz Aldrin e Michael Collins, riferirono di avvistare un oggetto luminoso non identificato durante il loro viaggio verso la Luna. Tuttavia, queste osservazioni non sono state confermate come incontri con entità extraterrestri e spesso possono essere spiegate come fenomeni atmosferici o riflessi di luce.

14.4 Ricerche Scientifiche

Mentre la NASA non è stata incaricata di indagare sugli UFO, l'agenzia ha condotto numerose ricerche scientifiche che potrebbero essere rilevanti per la comprensione del fenomeno. Ad esempio, la NASA ha studiato i raggi cosmici, le radiazioni spaziali e i fenomeni atmosferici che potrebbero essere collegati agli avvistamenti di UFO. Tuttavia, nessuna di queste ricerche ha portato a conclusioni definitive sull'origine degli UFO.

14.5 La Politica Ufficiale della NASA

La NASA ha una politica ufficiale che stabilisce che la sua missione principale è lo studio e l'esplorazione dello spazio e la promozione della scienza e della ricerca aerospaziale. L'agenzia non si dedica attivamente alla ricerca sugli UFO, poiché questa non rientra nel suo mandato ufficiale.

14.6 Conclusioni

Sebbene la NASA abbia giocato un ruolo marginale nelle indagini sugli UFO, l'agenzia ha svolto un ruolo importante nell'esplorazione dello spazio e nella ricerca scientifica. Gli avvistamenti di UFO da parte degli astronauti sono stati oggetto di interesse, ma spesso sono stati spiegati come fenomeni naturali o errori di percezione.

La NASA continuerà a concentrarsi sulla sua missione principale di esplorare lo spazio e condurre ricerche scientifiche avanzate. Mentre il fenomeno degli UFO rimane affascinante e misterioso, la NASA si attiene alla sua missione di promuovere la scienza e l'esplorazione spaziale.

CAPITOLO 15: LE IMPLICAZIONI PER LA VITA EXTRATERRESTRE

Il fenomeno degli UFO, se confermato come la presenza di veicoli extraterrestri, aprirebbe un mondo di straordinarie implicazioni per la vita extraterrestre e la nostra comprensione dell'universo. In questo capitolo, esamineremo le teorie sulla possibile presenza di vita extraterrestre nell'universo e cosa ciò significherebbe per la nostra percezione della realtà.

15.1 L'Universo e la Probabilità della Vita

L'universo è vasto, con miliardi di galassie e trilioni di stelle, ciascuna potenzialmente circondata da pianeti. Questa vastità spaziale solleva la domanda inevitabile: "Siamo soli nell'universo?" Gli scienziati hanno studiato la probabilità dell'esistenza di vita extraterrestre attraverso ricerche come il progetto SETI (Search for Extraterrestrial Intelligence), che cerca segnali radio provenienti da civiltà aliene.

Le teorie dell'abiogenesi suggeriscono che la vita possa emergere in condizioni favorevoli, e la scoperta di organismi estremofili sulla Terra, capaci di sopravvivere in ambienti estremi, ha alimentato la speculazione sulla possibilità di vita altrove nell'universo.

15.2 Possibili Forme di Vita Extraterrestre

La vita extraterrestre potrebbe assumere forme molto diverse da quelle con cui siamo familiari. Non è necessariamente limitata a organismi basati sul carbonio come quelli terrestri. Alcuni scienziati ipotizzano che potrebbero esistere forme di vita basate sul silicio o su altri elementi.

Inoltre, la vita aliena potrebbe non basarsi su una chimica dell'acqua, ma su sostanze chimiche e solventi differenti. Questo aprirebbe la possibilità di forme di vita più diverse di quanto possiamo immaginare.

15.3 Gli UFO come Evidenza di Vita Extraterrestre

Se gli UFO fossero confermati come veicoli di origine extraterrestre, ciò costituirebbe una prova diretta dell'esistenza di vita intelligente al di fuori del nostro pianeta. Le tecnologie necessarie per costruire e guidare tali veicoli suggerirebbero un alto grado di sviluppo tecnologico da parte di civiltà aliene.

Queste scoperte avrebbero un impatto sconvolgente sulla nostra comprensione dell'universo. Sarebbe la conferma che non siamo soli e che ci sono altre civiltà capaci di viaggiare tra le stelle. Cambierebbe radicalmente il nostro senso di identità nel cosmo.

15.4 Le Implicazioni per la Scienza

La scoperta di vita extraterrestre e la conferma degli UFO come veicoli alieni avrebbero enormi implicazioni per la scienza. Si aprirebbero nuove frontiere nella ricerca astrobiologica, nell'astrofisica e nella fisica. La ricerca di vita extraterrestre diventerebbe una priorità scientifica globale.

Inoltre, ciò avrebbe un impatto significativo sulla nostra comprensione della fisica e della tecnologia. Le tecnologie utilizzate dagli alieni per raggiungere la Terra dovrebbero essere studiate in modo approfondito per comprendere i principi scientifici che le rendono possibili.

15.5 Le Implicazioni per la Religione e la Filosofia

La scoperta di vita extraterrestre e la conferma degli UFO come veicoli alieni solleverebbero importanti questioni filosofiche e religiose. Molti sistemi di credenze religiose sono basati sulla concezione dell'umanità come unica forma di vita creata da un dio o da una forza superiore. La scoperta di vita extraterrestre potrebbe sfidare queste convinzioni e richiedere una reinterpretazione delle dottrine religiose.

Da un punto di vista filosofico, la scoperta di civiltà aliene potrebbe sollevare domande sul nostro posto nell'universo e sulla nostra relazione con altre forme di vita intelligenti. Potremmo dover riconsiderare la nostra etica e il nostro senso di responsabilità nei confronti di altre civiltà.

15.6 Le Implicazioni per la Società

La scoperta di vita extraterrestre potrebbe avere un impatto profondo sulla società umana. Potrebbe unire le nazioni nel tentativo di affrontare le sfide e le opportunità che si presentano. Potremmo dover sviluppare protocolli di comunicazione e diplomazia interstellare per gestire i rapporti con civiltà aliene.

Inoltre, l'immaginazione umana potrebbe essere stimolata da una nuova visione del cosmo. Potremmo essere ispirati a esplorare lo spazio in modo più profondo e ad affrontare sfide globali in modo più collaborativo.

15.7 Conclusioni

Le implicazioni della scoperta di vita extraterrestre e della conferma degli UFO come veicoli alieni sono immense e colossali. Cambierebbero la nostra comprensione del mondo e del cosmo, sfiderebbero le nostre credenze religiose e filosofiche e spingerebbero la scienza e la tecnologia a nuovi limiti.

Mentre il fenomeno degli UFO continua a suscitare speculazioni e dibattiti, la ricerca sulla vita extraterrestre rimane un'area di studio scientifico e filosofico affascinante. Con il passare del tempo, potremmo avvicinarci sempre di più alla scoperta di forme di vita al di fuori del nostro pianeta, e ciò potrebbe cambiare per sempre la nostra visione dell'universo.

CAPITOLO 16: IL FUTURO DELLO STUDIO SUGLI UFO

Il mondo degli UFO e della ricerca sugli incontri alieni è in costante evoluzione. In questo capitolo, esploreremo il futuro dello studio sugli UFO, concentrandoci su metodi scientifici avanzati, tecnologie emergenti e la direzione che la ricerca potrebbe prendere nei prossimi anni.

16.1 Metodi Scientifici Avanzati

Mentre la ricerca sugli UFO ha spesso avuto un'aura di mistero e speculazione, il futuro della disciplina è destinato a includere metodi scientifici più rigorosi. Gli scienziati e i ricercatori stanno lavorando per sviluppare approcci più sistematici per studiare gli avvistamenti e raccogliere dati affidabili.

16.1.1 Monitoraggio del Cielo

Un approccio chiave per lo studio degli UFO è il monitoraggio del cielo. Le organizzazioni come il progetto SETI (Search for Extraterrestrial Intelligence) stanno utilizzando radio telescopi avanzati per rilevare segnali radio provenienti da civiltà aliene. Questi sforzi possono essere ampliati per monitorare costantemente il cielo alla ricerca di avvistamenti anomali.

16.1.2 Sorveglianza Satellitare

I satelliti in orbita attorno alla Terra stanno diventando sempre più sofisticati e in grado di catturare immagini ad alta risoluzione del nostro pianeta. Questi strumenti possono essere utilizzati per rilevare oggetti volanti non identificati e fenomeni atmosferici in modo più preciso.

16.1.3 Analisi dei Dati

L'analisi dei dati è un elemento cruciale nella ricerca sugli UFO. L'intelligenza artificiale e l'apprendimento automatico stanno diventando strumenti fondamentali per esaminare e classificare gli avvistamenti in base a criteri scientifici. Questi approcci possono aiutare a identificare avvistamenti genuini e separarli da falsi positivi.

16.2 Tecnologie Emergenti

Le tecnologie emergenti stanno aprendo nuove possibilità per lo studio degli UFO. Alcune di queste tecnologie includono:

16.2.1 Fotografia e Video Avanzati

Le telecamere ad alta risoluzione e le lenti avanzate stanno diventando più accessibili al pubblico. Ciò permette a più persone di catturare immagini e video di avvistamenti con maggiore dettaglio, il che potrebbe portare a prove più convincenti.

16.2.2 Analisi Spettrale

L'analisi spettrale consente di esaminare la luce emessa dagli oggetti e di identificarne la composizione chimica. Questo strumento potrebbe essere utilizzato per studiare meglio gli oggetti volanti non identificati e determinare se sono di origine terrestre o sconosciuta.

16.2.3 Sensori Avanzati

I sensori avanzati possono rilevare variazioni nell'ambiente circostante, come cambiamenti nei campi elettrici, nei campi magnetici o nei livelli di radiazione. Questi sensori potrebbero essere utilizzati per identificare possibili interazioni con oggetti volanti non identificati.

16.3 La Direzione della Ricerca

Il futuro della ricerca sugli UFO sarà guidato da una maggiore cooperazione tra scienziati, ricercatori e appassionati di tutto il mondo. Le organizzazioni di ricerca sugli UFO stanno cercando di collaborare con istituti accademici e organizzazioni scientifiche per condurre studi più ampi e ben documentati.

Inoltre, la condivisione di dati e informazioni tra gruppi di ricerca è fondamentale per creare una base di conoscenze condivisa e favorire la trasparenza nella ricerca sugli UFO.

16.4 Il Coinvolgimento delle Agenzie Governative

Le agenzie governative, come il Pentagono e l'U.S. Air Force, stanno sempre più rivelando informazioni sulle indagini sugli UFO e stanno prendendo posizione ufficiali sul fenomeno. Questo coinvolgimento potrebbe portare a una maggiore legittimità e risorse per la ricerca sugli UFO.

16.5 La Necessità della Comunicazione

La comunicazione è fondamentale per condividere i risultati della ricerca sugli UFO con il pubblico e per combattere la disinformazione. Gli scienziati e i ricercatori devono comunicare in modo efficace le scoperte e i risultati della ricerca per educare il pubblico e contribuire a una comprensione più accurata del fenomeno.

16.6 Conclusioni

Il futuro dello studio sugli UFO si prospetta intrigante e promettente. Con metodi scientifici più avanzati, tecnologie emergenti e una maggiore cooperazione tra la comunità scientifica e gli appassionati, la ricerca sugli UFO potrebbe portare a scoperte significative negli anni a venire.

Se gli UFO rappresentano veramente incontri con civiltà extraterrestri o fenomeni incomprensibili, ciò avrebbe un impatto profondo sulla nostra comprensione dell'universo e del nostro posto al suo interno. Il futuro della ricerca sugli UFO ci guiderà verso una maggiore chiarezza e conoscenza in questo affascinante campo di studio.

CAPITOLO 17: CONCLUSIONI E RIFLESSIONI

Dopo aver esplorato il vasto e affascinante mondo degli UFO e degli incontri alieni, è giunto il momento di trarre alcune conclusioni e riflessioni sul fenomeno. Mentre molte domande rimangono senza risposta e il mistero persiste, possiamo comunque elaborare alcune considerazioni basate sulle informazioni e le teorie presentate.

17.1 La Complessità del Fenomeno UFO

Una delle conclusioni chiave è che il fenomeno degli UFO è incredibilmente complesso e sfida la spiegazione razionale. Gli avvistamenti di oggetti volanti non identificati sono stati documentati in tutto il mondo per decenni, e le testimonianze spaziano da semplici luci nel cielo a oggetti intricati e sfere luminose. La diversità degli avvistamenti rende difficile arrivare a una spiegazione universale.

17.2 Le Teorie sulle Origini degli UFO

Sono state presentate numerose teorie sulle origini degli UFO, inclusi avvistamenti militari, veicoli sperimentali, fenomeni atmosferici e, naturalmente, l'ipotesi extraterrestre. Mentre alcune teorie possono spiegare alcuni avvistamenti, nessuna di esse sembra in grado di spiegare l'intero spettro del fenomeno. Ciò suggerisce che potrebbero coesistere diverse cause per gli avvistamenti di UFO.

17.3 Le Implicazioni della Presenza di Vita Extraterrestre

Se gli UFO rappresentano veramente incontri con esseri alieni, le implicazioni per la vita extraterrestre sono immense. La scoperta di forme di vita intelligenti al di fuori del nostro pianeta avrebbe un impatto profondo sulla nostra comprensione dell'universo e del nostro posto al suo interno. Solleverebbe anche domande filosofiche e religiose sulla nostra esistenza e sul nostro ruolo nell'universo.

17.4 La Necessità di Ricerca Scientifica

Nonostante il mistero che circonda il fenomeno degli UFO, la ricerca scientifica è essenziale per fare progressi nella comprensione di questi avvistamenti. Gli approcci basati sulla raccolta di dati affidabili, sull'analisi rigorosa e sulla cooperazione tra scienziati e ricercatori sono fondamentali per ottenere una visione più chiara del fenomeno.

17.5 La Diffusione della Disinformazione

La ricerca sugli UFO è spesso oscurata dalla disinformazione e dalle teorie del complotto. È importante essere critici nell'analisi delle fonti e delle testimonianze, evitando di accettare acriticamente ogni affermazione. La diffusione di disinformazione può danneggiare la credibilità della ricerca sugli UFO e renderla oggetto di derisione.

17.6 L'Importanza della Comunicazione

La comunicazione efficace è fondamentale per condividere le scoperte e le informazioni relative agli UFO con il pubblico. Gli scienziati e i ricercatori devono essere in grado di spiegare in modo chiaro e accessibile i risultati delle ricerche e le prove raccolte. Questa comunicazione è essenziale per educare il pubblico e contribuire a una comprensione più accurata del fenomeno.

17.7 Il Futuro dello Studio sugli UFO

Il futuro dello studio sugli UFO si prospetta intrigante, con l'uso di metodi scientifici avanzati, tecnologie emergenti e una maggiore cooperazione tra la comunità scientifica e gli appassionati. La ricerca sugli UFO continuerà a essere un campo affascinante e in evoluzione, con il potenziale per fare scoperte significative nei prossimi anni.

17.8 Conclusioni Finali

In definitiva, il fenomeno degli UFO rimane uno dei misteri più affascinanti e insoluti del nostro tempo. Mentre alcune prove indicano che gli avvistamenti di UFO potrebbero avere spiegazioni terrene, altri casi rimangono senza spiegazione.

La ricerca sugli UFO è un campo complesso e sfuggente, ma merita l'attenzione e l'approfondimento da parte della comunità scientifica. Sebbene non possiamo ancora confermare la presenza di vita extraterrestre o la realtà degli incontri alieni, il fenomeno degli UFO rimane un argomento di grande interesse e speculazione.

Concludiamo questa esplorazione sul fenomeno degli UFO con la consapevolezza che l'universo è ancora pieno di misteri e che la ricerca scientifica e la curiosità umana continueranno a spingerci alla ricerca di risposte.

CAPITOLO 18: ALLA RICERCA DELLA VERITÀ

Chiudiamo il libro con una profonda riflessione sulla costante ricerca della verità riguardo agli UFO e agli alieni. In un mondo in cui il mistero e la speculazione sembrano essere all'ordine del giorno, è importante mantenere una mente aperta e una curiosità sana. La verità sugli UFO e sugli incontri alieni è una questione complessa e affascinante che continua a sfidare la nostra comprensione, ma il desiderio di scoprire la realtà è un motore potente.

18.1 La Necessità di Restare Aperti alla Possibilità

Una delle qualità più importanti che possiamo coltivare nella ricerca della verità sugli UFO è la capacità di rimanere aperti alla possibilità. Questo non significa accettare acriticamente qualsiasi affermazione o teoria, ma piuttosto mantenere una mentalità che permetta l'esplorazione di nuove idee e prospettive.

La storia ha dimostrato che alcune teorie precedentemente considerate fantasiose o irragionevoli alla fine si sono rivelate corrette. Rimanere aperti alla possibilità ci permette di esaminare attentamente le prove e di evitare il rigetto automatico di idee che potrebbero portare a una maggiore comprensione.

18.2 La Responsabilità nella Divulgazione delle Informazioni

La ricerca sugli UFO è spesso offuscata dalla disinformazione e dalle teorie del complotto. È responsabilità di coloro che si dedicano a questo campo fornire informazioni accurate e affidabili. La credibilità della ricerca sugli UFO può essere compromessa se non si adotta un approccio rigoroso alla divulgazione delle informazioni.

La divulgazione delle informazioni dovrebbe essere basata su dati verificabili e su prove solide. Questo aiuta a preservare l'integrità della ricerca e a promuovere una comprensione più accurata del fenomeno.

18.3 La Collaborazione tra Comunità Scientifica e Appassionati

Un altro aspetto importante nella ricerca della verità sugli UFO è la collaborazione tra la comunità scientifica e gli appassionati. La diversità di prospettive e competenze può portare a una ricerca più completa e accurata.

Gli scienziati e i ricercatori possono fornire una guida nella raccolta e nell'analisi dei dati, mentre gli appassionati possono contribuire con testimonianze e avvistamenti che potrebbero sfuggire all'attenzione della scienza tradizionale. La collaborazione può portare a una comprensione più completa del fenomeno.

18.4 La Necessità di Restare Critici

Anche mentre rimaniamo aperti alla possibilità e collaboriamo, è importante mantenere una mente critica. La ricerca sugli UFO è un campo in cui le affermazioni non verificabili e le teorie del complotto sono abbondanti. Un atteggiamento critico ci aiuta a discernere tra affermazioni fondate e speculazioni non supportate.

Il pensiero critico ci guida a esaminare le prove in modo oggettivo, a porre domande e a richiedere dati verificabili. È un baluardo contro la disinformazione e la credulità acritica.

18.5 L'Urgenza di Unire le Forze

La ricerca della verità sugli UFO richiede l'unione di forze. È un fenomeno complesso che coinvolge molti aspetti, tra cui la scienza, la tecnologia, la filosofia e la società. Per affrontare questa sfida in modo completo, dobbiamo unire le forze e lavorare insieme.

Questo non riguarda solo scienziati e ricercatori, ma anche il pubblico. Il coinvolgimento attivo delle persone nella raccolta di dati, nella condivisione di testimonianze e nell'educazione può portare a una comprensione più approfondita del fenomeno.

18.6 La Bellezza della Ricerca

La ricerca della verità sugli UFO non riguarda solo la scoperta di una risposta definitiva, ma anche il viaggio stesso. Esplorare il mistero degli UFO ci permette di affinare la nostra capacità di indagare, di essere curiosi e di cercare risposte.

La ricerca ci spinge a sfidare le convenzioni e ad esaminare il mondo in modo nuovo. Ci invita a considerare possibilità al di là di ciò che conosciamo e a immaginare un futuro in cui la verità potrebbe essere svelata.

18.7 Conclusioni Finali

Alla fine, la ricerca della verità sugli UFO è una straordinaria avventura intellettuale e umana. Non possiamo ancora dire con certezza cosa siano gli UFO o se gli incontri alieni siano reali, ma il desiderio di scoprire la verità rimane un potente motore per la ricerca e l'innovazione.

Rimanere aperti alla possibilità, responsabili nella divulgazione delle informazioni, collaborativi nella ricerca, critici nell'analisi e uniti nel perseguire la verità sono elementi chiave per affrontare questa sfida. Alla fine, la bellezza della ricerca risiede nel processo stesso, nella costante ricerca della verità e nella perpetua avventura di esplorare l'ignoto. Che ci porti a nuove scoperte o semplicemente a una maggiore comprensione di noi stessi, il viaggio è ciò che conta.

EPILOGO

In questo viaggio nell'ignoto, abbiamo esplorato le stelle, le luci nel cielo notturno, le narrazioni straordinarie e le prove che circondano il fenomeno degli UFO e degli incontri alieni. Siamo giunti alla fine di questa epica esplorazione, ma il nostro impegno nel cercare la verità e nell'affrontare il mistero continua.

Gli UFO e gli incontri alieni rimangono un enigma senza risposta, un mondo in cui la speculazione e la realtà si intrecciano in una danza complessa. Le testimonianze di avvistamenti, le teorie audaci e le implicazioni profonde ci invitano a riflettere sulla nostra esistenza nell'universo e sul nostro posto in esso.

Ciò che abbiamo scoperto è che gli UFO e gli incontri alieni rappresentano una sfida per la nostra comprensione della realtà. Mentre alcuni avvistamenti possono essere spiegati con ragionevole certezza come fenomeni terrestri, altri rimangono inspiegabili, evocando la possibilità di presenze extraterrestri.

La ricerca sugli UFO è un campo in continua evoluzione, un'indagine in corso alla ricerca di risposte. In questo viaggio, abbiamo esplorato le storie di chi ha testimoniato incontri con esseri provenienti da mondi sconosciuti e le implicazioni di tali incontri. Abbiamo esaminato le teorie che tentano di spiegare l'origine degli UFO, dalle spiegazioni terrene a quelle più audaci legate a civiltà extraterrestri.

Tuttavia, il mistero persiste, e ciò che rende affascinante il fenomeno UFO è la sua capacità di sollevare domande profonde sulla nostra esistenza. Gli UFO e gli incontri alieni ci invitano a considerare le possibilità e a esplorare il cosmo con occhi aperti, a riflettere sul significato della nostra presenza nell'universo e a mantenere viva la curiosità.

Il nostro impegno in questo viaggio è stato di condividere con voi una panoramica completa e obiettiva del fenomeno UFO, di invitarvi alla riflessione e di stimolare la vostra curiosità. Abbiamo cercato di presentarvi testimonianze, teorie e prove con apertura mentale e spirito critico, affinché possiate formare le vostre opinioni e continuare la ricerca della verità.

Che siate scettici o credenti, l'importante è che abbiate condiviso con noi questa avventura intellettuale, questo viaggio nell'ignoto tra le stelle. Il nostro desiderio è che questo libro abbia stimolato la vostra curiosità, vi abbia invitato a sollevare il velo del mistero e vi abbia spinto a esplorare il mondo degli UFO e degli incontri alieni con mente aperta.

Mentre concludiamo questo viaggio, non possiamo fare altro che riflettere sull'immensità del cosmo e sulla vastità delle possibilità che esso ci offre. La ricerca della verità non ha fine, e il mistero degli UFO e degli incontri alieni è solo una delle sfide che l'universo ci pone di fronte.

Vi invitiamo a continuare il vostro percorso di esplorazione, a mantenere viva la passione per la scoperta e a rimanere aperti alle possibilità che il cosmo ha da offrire. Il nostro viaggio insieme può essere giunto alla fine, ma il vostro viaggio nella notte stellata continua.

Che la vostra ricerca della verità vi porti sempre più vicini alla comprensione del mistero che ci circonda. Che possiate continuare a scrutare il cielo notturno con occhi pieni di meraviglia e a esplorare le stelle con spirito avventuroso.

Buona esplorazione, esploratori delle stelle. Il vostro viaggio nell'ignoto è appena iniziato.

POSTFAZIONE

Concludere questo libro rappresenta per noi un momento di riflessione e gratitudine. Il viaggio nell'universo degli UFO e degli incontri alieni ci ha condotti attraverso una serie di avvistamenti, teorie e narrazioni affascinanti, alimentando la nostra curiosità e spingendoci a esplorare le profondità del mistero. La ricerca della verità ci ha guidati, e ci ha permesso di gettare luce su un fenomeno che continua a sfidare la nostra comprensione.

Durante il nostro percorso, abbiamo esaminato avvistamenti celebri come quello del 1947 da parte del pilota privato Kenneth Arnold, i misteriosi cerchi nel grano noti come "crop circle," le testimonianze dei piloti militari e degli ufficiali governativi, e le teorie che suggeriscono la presenza di vita extraterrestre nell'universo. Abbiamo esplorato il ruolo della cultura popolare e delle rappresentazioni degli UFO nei media, e ci siamo spinti oltre, affrontando il futuro della ricerca sugli UFO.

È importante sottolineare che il fenomeno UFO è intriso di incertezza e mistero. Mentre alcuni avvistamenti possono essere spiegati in termini terreni, molti rimangono senza una spiegazione chiara. Questo ci ricorda che la ricerca scientifica e l'indagine critica sono essenziali per comprendere appieno il fenomeno UFO.

Uno dei punti più importanti che abbiamo cercato di trasmettere in queste pagine è la necessità di mantenere una mente aperta, ma anche di adottare un approccio critico verso le testimonianze e le prove. Questo equilibrio tra apertura mentale e scetticismo ci permette di esplorare il mistero degli UFO in modo ponderato e obiettivo.

Il nostro viaggio è stato un invito a considerare le implicazioni profonde di un possibile incontro con civiltà extraterrestri. Se mai scopriremo che non siamo soli nell'universo, ciò avrà un impatto sconvolgente sulla nostra comprensione del cosmo e del nostro ruolo in esso. Saremo sfidati a riflettere sulle dinamiche della nostra società e a considerare cosa significhi essere parte di un universo più vasto.

Mentre concludiamo questo libro, ci sentiamo grati per il tempo che avete dedicato a esplorare il mondo degli UFO e degli incontri alieni con noi. Speriamo che questo viaggio abbia stimolato la vostra curiosità, vi abbia invitato a sollevare il velo del mistero e vi abbia spinto a esplorare il cosmo con occhi aperti.

La ricerca della verità non ha mai fine, e il mistero degli UFO e degli incontri alieni è solo una delle sfide che il cosmo ci pone. Vi incoraggiamo a continuare il vostro percorso di esplorazione, a mantenere viva la passione per la scoperta e a rimanere aperti alle possibilità che l'universo ha da offrire.

Che il vostro viaggio nella notte stellata vi porti sempre più vicini alla comprensione del mistero che ci circonda. Che possiate continuare a scrutare il cielo notturno con occhi pieni di meraviglia e a esplorare le stelle con spirito avventuroso.

Buona esplorazione, esploratori delle stelle. Il vostro viaggio nell'ignoto è appena iniziato.

RINGRAZIAMENTO

Mentre chiudiamo questo libro, desideriamo esprimere la nostra sincera gratitudine a tutti voi, i nostri lettori, che avete condiviso con noi questo straordinario viaggio nell'universo degli UFO e degli incontri alieni. Il vostro impegno nella lettura e nella ricerca della verità è stato il motore che ci ha spinto a esplorare il mistero e la speculazione che circondano questo affascinante fenomeno.

Ringraziamo innanzitutto coloro che hanno condiviso con noi le loro testimonianze, le loro esperienze e le loro storie di avvistamenti e incontri alieni. Il vostro coraggio nel parlare apertamente delle vostre esperienze è stato fondamentale per gettare luce su questo mistero. Le vostre narrazioni ci hanno ispirato e ci hanno spinto a cercare la verità.

Un ringraziamento speciale va alle persone che hanno lavorato duramente per raccogliere dati, analizzare prove e contribuire con il loro sapere scientifico alla nostra comprensione del fenomeno UFO. La vostra dedizione alla ricerca e alla scoperta è stata un faro nella notte stellata della speculazione.

Vogliamo esprimere la nostra gratitudine alle istituzioni, ai ricercatori e agli esperti che hanno condotto studi seri e approfonditi sul fenomeno degli UFO. Il vostro lavoro costante e la vostra volontà di affrontare le sfide di questo campo di ricerca hanno arricchito la nostra comprensione.

Ringraziamo anche coloro che, in varie forme, hanno contribuito a plasmare la cultura popolare legata agli UFO e agli incontri alieni. I registi, gli scrittori, gli artisti e i giornalisti che hanno affrontato questo argomento hanno portato il fenomeno UFO nelle case di milioni di persone in tutto il mondo.

Ai nostri lettori, desideriamo dire grazie per la vostra fiducia e il vostro sostegno. Avete scelto di esplorare il mistero degli UFO e degli incontri alieni con noi, e siamo onorati della vostra compagnia in questo viaggio. La vostra curiosità e la vostra apertura mentale sono state una fonte di ispirazione continua.

Infine, vorremmo ringraziare le persone care che ci hanno sostenuto durante la creazione di questo libro. Le vostre parole di incoraggiamento, la vostra comprensione e il vostro amore ci hanno spinti a portare avanti questo progetto.

Mentre concludiamo questa avventura, vi invitiamo a mantenere viva la passione per la scoperta, a continuare a scrutare il cielo notturno con occhi pieni di meraviglia e a esplorare le stelle con spirito avventuroso. La ricerca della verità non ha mai fine, e il mistero degli UFO e degli incontri alieni è solo una delle sfide che il cosmo ci pone. Che il vostro viaggio nell'ignoto continui ad arricchire la vostra comprensione del mondo che ci circonda.

Grazie ancora, cari lettori, per essere stati al nostro fianco in questo viaggio straordinario.

Con gratitudine,

Liam Davis

INFORMAZIONI SULL'AUTORE

Liam Davis

Liam Davis è uno scrittore, ricercatore e appassionato esploratore delle profondità del cosmo e del mistero che circonda gli UFO, gli incontri alieni e l'astrologia. La sua passione per l'universo e la ricerca della verità lo hanno portato a dedicare la sua vita a esaminare fenomeni inspiegabili e a gettare luce su argomenti che spaziano dalla scienza all'esplorazione spaziale.

La sua educazione, basata su una solida formazione scientifica, gli ha fornito gli strumenti necessari per esplorare il fenomeno UFO con obiettività e rigore. I suoi studi lo hanno portato a investigare approfonditamente le testimonianze di avvistamenti, le prove scientifiche e le teorie del complotto, contribuendo a delineare una visione completa di questo affascinante argomento.

Liam è noto per la sua volontà di sfidare lo status quo e di adottare un approccio critico ma aperto alla ricerca degli UFO e degli incontri alieni. La sua reputazione di ricercatore appassionato e rigoroso è riconosciuta in tutto il campo delle scienze spaziali e della divulgazione scientifica.

Oltre alla sua ricerca e alla scrittura, Liam Davis è coinvolto in progetti di divulgazione scientifica e educazione pubblica. Ha tenuto conferenze, partecipato a podcast e collaborato con esperti di diverse discipline per promuovere la comprensione scientifica e la curiosità verso l'universo.

La sua biografia è caratterizzata da una dedizione incrollabile all'esplorazione del cosmo e alla ricerca della verità. Liam Davis è un autore rispettato e una voce autorevole nel campo degli UFO, degli incontri alieni e delle scienze spaziali. La sua missione è quella di invitare il pubblico a considerare le possibilità che il cosmo offre e a mantenere viva la passione per la scoperta.